Automóvil

Ingeniería

Real Sociedad de Ingenieros del Automóvil

Instituto Americano de Ingenieros de Automóviles

Automóvil Ingeniería

Este libro ha sido preparado por los dos líderes mundiales en el campo de los automóviles -. La Real Sociedad de Ingenieros de Automóviles, Instituto Americano de Ingenieros de Automóviles

Este libro sería muy útil en la preparación de cursos certificados en el campo de la Ingeniería del Automóvil. Este libro es el resultado de varios años de duro trabajo por distinguidos miembros de los dos organismos profesionales de reconocido prestigio internacional. Varios expertos han recomendado este libro como un must-have en el arsenal del profesional dedicado. Este libro le ayudará a borrar casi todas las oposiciones con notable facilidad. La mayoría de las principales universidades de todo el mundo han recomendado este libro autorizado para la preparación para los exámenes. El libro contiene diversas preguntas, a partir de lo básico a un profundo conocimiento y últimas novedades en este campo. Mediante la preparación utilizando las preguntas y tareas de este libro, uno puede dominar los fundamentos, tener un buen conocimiento acerca de los conceptos básicos y tienen una ventaja, mientras que a partir de su vida profesional.

Para la solución a estas preguntas y tareas, se recomienda encarecidamente a seguir*"AutomóvilVol Ingeniería. I y II"*por el Dr. Kirpal Singhbreve:..???

Ingeniería del automóvil

Respuesta

1. Liste los tipos de motores de

2. lo que se entiende por orden de disparar

3. ¿Cuál es la función del inyector de combustible

4. ¿Cuál es la función de un carburador

5. ¿Cuál es la necesidad del motor lubricación?

6. Enumerar los tipos de lubricación.

7. ¿Cuál es la función del embrague en el sistema automotriz?

8. Enumere el tipo de cajas de cambio.

9. ¿Qué es la dirección asistida?

10. ¿Qué quieres decir con camber relacionada con ruedas?

11. ¿Cuál es el motor de mezcla pobre?

12. ¿Cuáles son los tipos de carburadores?

13. ¿Cuáles son las aplicaciones de sensores en los automóviles?

14. ¿Qué es CRDi?

15. Nombre dos lubricantes utilizados en los automóviles.

16. ¿Cuál es la función del eje trasero?

17. ¿Qué es una caja de cambios sincronizada?

18. ¿Cuáles son las funciones de los neumáticos?

19. ¿Qué se entiende por la potencia del motor?

20. ¿Cuáles son las normas Euro-?

21. ¿Cuáles son los inconvenientes de los sistemas de encendido convencionales?

22. ¿Cuál es atomizador?

23. ¿Cuáles son los componentes del sistema de refrigeración por agua?

24. ¿Cuál es el poder de la vela necesaria para el faro de un coche de tamaño medio?

25. ¿Cuáles son los tipos de juntas universales?

26. ¿Cuáles son las funciones del marco?

27. ¿Cuáles son las limitaciones de un motor rotativo?

28. ¿Qué se entiende por control de emisiones?

29. ¿Cuáles son las funciones de medición en un carburador?

30. ¿Qué es la mezcla pobre?

31. ¿Cuáles son los tipos de eléctrica circuitos utilizados en un vehículo de pasajeros?

32. ¿Cuáles son los requisitos de un buen lubricante?

33. ¿Qué es la saturación?

34. ¿Cuál es diferencial autoblocante?

35. ¿Cuáles son las funciones de suspensión?

36. ¿Qué se entiende por la rotación de los neumáticos?

37. ¿Cuáles son los tipos de vehículos?

38. ¿Cómo son automóviles clasificados?

39. ¿Cuáles son los diferentes procesos que influyen en los factores de carburación?

40. ¿Cuáles son los requisitos de una boquilla de inyector?

41. enumerar los factores que afectan a la vida de una batería.

42. ¿Cuáles son las ventajas de una caja de engranajes epicicloidal?

43. Listar las funciones de un sistema de suspensión

44. ¿Quéson los principales componentes de un sistema de dirección

45. .???¿Qué está en ralentí de los motores

46. Nombre las partes del sistema de encendido electrónico

47. ¿Qué es un árbol de transmisióndetalle:??.

48. ¿Qué es un diferencial

49. Nombre los diferentes tipos de frenos de

Respuesta en

1. Con un boceto ordenado, explicar el funcionamiento de un motor turboalimentadosiguiente:.

2. Escribir una nota sobre lo (i) de emisiones y su control (ii) Las ventajas del motor de mezcla pobre (iii) las normas Euro

3. discutir lo siguiente: (i) de Trabajo de un sencillo carburador (ii) la inyección electrónica de combustible

4. con un boceto ordenado, a explicar el principio de funcionamiento de los inyectores diesel.

5. Explicar el funcionamiento del sistema de inyección common rail.

6. Dibujar un circuito eléctrico típico utilizado en un coche y explicar lo mismo.

7. Boceto y explicar el sistema de lubricación a presión

8. Con un esquema ordenado, explicar el sistema de encendido electrónico.

9. Boceto y explicar el sistema de lubricación del chapoteo utilizado en un coche.

10. Con un dibujo limpio, explicar el funcionamiento de un embrague multidisco.

11. Explicar la importante función del diferencial de automóvil.

12. Con un diagrama ordenado, explicar las características de trabajo de un sistema de transmisión hidráulica.

13. Explique brevemente los principios de funcionamiento de un mismo tipo de caja de cambios.

14. Explique el principio de funcionamiento de una dirección asistida.

15. Explicar la importancia de los sistemas de suspensión en un coche.

16. Boceto y explicar la parte delantera y trasera sistema de suspensión final.

17. discutir los términos convergencia y divergencia.

18. Discuta brevemente las características de trabajo de un motor de gas natural comprimido.

19. Describir los métodos utilizados para el equilibrio mecánico y equilibrio de poder.

20. ¿Cuáles son los diferentes tipos de sistemas de alimentación de combustible? Explique brevemente.

21. Describir las características de marcha en vacío y baja velocidad en un carburador.

22. Describir el funcionamiento de un sistema de inyección multipunto de combustible.

23. ¿Cómo funciona la bomba de inyección de combustible en un motor de encendido por trabajo? Explique con un simple boceto.

24. Enumerar y explicar brevemente las diferentes propiedades de los lubricantes.

25. Describa brevemente los distintos sistemas de lubricación con simples bocetos.

26. Describir el funcionamiento de un embrague centrífugo? ¿Cuáles son sus ventajas y limitaciones?

27. Dar una nota sobre los problemas de embrague y sus causas.

28. ¿Cómo se clasifica la transmisión del automóvil? Describa brevemente la caja de cambios de malla deslizante con bocetos aseados.

29. Dibujar y explicar la disposición general de un mecanismo de dirección.

30. Escribir notas sobre (i) Caster y Camber (ii) las ruedas del automóvil (iii) Tipos de sistemas de frenado.

31. ¿Cuáles son las diferencias entre el interior motores de combustión y los motores de combustión externa?

32. Dar la clasificación de motor de combustión interna. Discuta brevemente un tipo.

33. Explique orden de encendido y su significado con ilustraciones.

34. Describir sistema magneto-ignición para un motor de cuatro cilindros.

35. Explique el funcionamiento del embrague electromagnético.

36. ¿Cuáles son las funciones de los sistemas de dirección y cuáles son sus requisitos?

37. Describir el funcionamiento de un leva y del aparato de gobierno rodillo con un boceto ordenado.

38. ¿Cuáles son las partes esenciales de un motor de automóvil? Describa sus funciones.

39. ¿Cuáles son los métodos para reducir al mínimo el cigüeñal de vibraciones de torsión? Discuta con ejemplos.

40. Describir el equilibrio del motor de seis cilindros con un boceto ordenado.

41. Dibuje el circuito de cableado del sistema de iluminación y el circuito de la bocina de un coche moderno.

42. Estado del engranaje problemas de caja, causas y remedios.

43. ¿Qué es un convertidor de par? Hable con un boceto ordenado.

44. ¿Cuáles son los tipos de mecanismos de dirección? Describa gusano y engranaje de la dirección del sector con un boceto ordenado.

45. Describir el funcionamiento de un freno hidráulico.

46. Comparar GNC con los combustibles de automoción convencionales y describir varios componentes del kit para la conversión de un vehículo / diesel gasolina en un vehículo de biocombustible con GNC como uno de los combustibles .

47. Discutir las diversas pérdidas de energía que tienen lugar entre el motor y las ruedas motrices.

48. Explique el efecto de la relación potencia-peso en el rendimiento de un automóvil.

49. Con la ayuda de una curva que representa la variación de las necesidades de la mezcla, explique por qué (i) un motor al ralentí requiere una mezcla rica (ii) un motor de crucero requiere una mezcla de economía y (iii) la máxima potencia requiere una mezcla rica.

50. Describir los mecanismos de accionamiento del motor de arranque y la unidad de embrague sobre-corriente.

51. Explique lubricación por cárter húmedo sistemas del sistema y de lubricación por cárter seco.

52. ¿Cómo pueden la vida de un neumático se incrementarán?

53. Explique en detalle el sistema de motor cargado estratificado

54. a explicar brevemente los diferentes sensores utilizados en los sistemas de automóviles.

55. Discuta los detalles de las bombas de combustible y las bombas de inyección de combustible.

56. Escribir notas en la transmisión automática.

57. Escribir notas en los frenos utilizados en los últimos sistemas de automóviles y neumáticos usados en los sistemas del automóvil.

El espacio para escribir respuestas

espacio para escribir respuestas

espacio para escribir respuestas

espacio para escribir

respuestas

espacio para escribir respuestas